Text © Mia Cassany

Illustrations © Marcos Navarro

Originally published in 2019 under the title "Océanos" by Mosquito Books Barcelona, SL–info@mosquitobooksbarcelona.com

Simplified Chinese rights are arranged by Ye ZHANG Agency（www.ye–zhang.com）

©2021 辽宁科学技术出版社
著作权合同登记号：第 06-2019-72 号。

图书在版编目（CIP）数据

海洋/(西)米亚·卡萨尼著;(西)马库斯·纳瓦罗绘；潘鸥译.—沈阳：辽宁科学技术出版社，2021.9
ISBN 978-7-5591-2064-9

Ⅰ.①海… Ⅱ.①米… ②马… ③潘… Ⅲ.①海洋－儿童读物 Ⅳ.①P7-49

中国版本图书馆CIP数据核字（2021）第099617号

出版发行：辽宁科学技术出版社
（地址：沈阳市和平区十一纬路 25 号　邮编：110003）
印 刷 者：上海利丰雅高印刷有限公司
经 销 者：各地新华书店
幅面尺寸：280mm×280mm
印　　张：4
字　　数：60 千字
出版时间：2021 年 9 月第 1 版
印刷时间：2021 年 9 月第 1 次印刷
责任编辑：姜　璐
封面设计：吕　丹
版式设计：吕　丹
责任校对：闻　洋
书　　号：ISBN 978-7-5591-2064-9
定　　价：68.00 元

投稿热线：024-23284062
邮购热线：024-23284502
E-mail：1187962917@qq.com

海　洋

（西）米亚·卡萨尼　著
（西）马库斯·纳瓦罗　绘
潘　鸥　译

辽宁科学技术出版社
·沈阳·

地球表面约 70% 被海水覆盖。

巨型海藻森林

加利福尼亚寒流

北太平洋

科科斯岛

飞鱼

南太平洋

北冰洋

亚速尔群岛

北大西洋

佛得角

南大西洋

马尔维纳斯群岛

南极海洋

南极覆盖的冰川是
世界上最大的淡水资源库，
大概占了全球淡水资源的 81‰。

的海洋

北极冰川

迄今我们已经发现的海洋生物
还不足实际的1/3。

珊瑚蟹

北太平洋

深海区

苏拉威西海

查戈斯群岛

印度洋

大堡礁

南太平洋

南极

海洋植物释放的氧气占地球
大气氧气含量的70%。

巨型海藻森林

在美国加利福尼亚沿海地区，坐落着一个令人叹为观止的国家公园——海峡群岛国家公园，它由5个神话般的岛屿组成，是一个巨大的自然保护区，被联合国教科文组织列为世界生物圈保护区之一。

在海底深处，人们发现了30多种巨型海藻，这些巨型海藻形成了地球上最大的水生森林，成为许多海洋生物的理想栖息地和藏身之处，为许多生活在那里的海洋生物提供食物。

海底茂密的海藻森林是地球上非常美丽的水生环境之一。

去发现
114个
动物

北冰洋

北冰洋位于北极圈以北，又称北极海，是地球上面积最小的大洋。

这里常年被冰川覆盖，因此是世界上最冷的大洋。众所周知，由于低温和极端的气候条件，这里并不适宜生存，可有一些动物却顽强地在这里生存下来。

例如，海豹在这里居住了几个世纪，但不幸的是，近年来由于全球气候变暖导致的地表冰川融化以及人类的滥捕、滥杀，它们的数量已经大大减少。同样的遭遇也发生在一些大型动物身上。各类鲸鱼也是北极居民，它们也遭受着冰川融化所带来的一系列影响。

在这里还可以看到长着长长象牙的北极海象、北极白鲸和它们的近亲独角鲸。

去发现
19个
动物

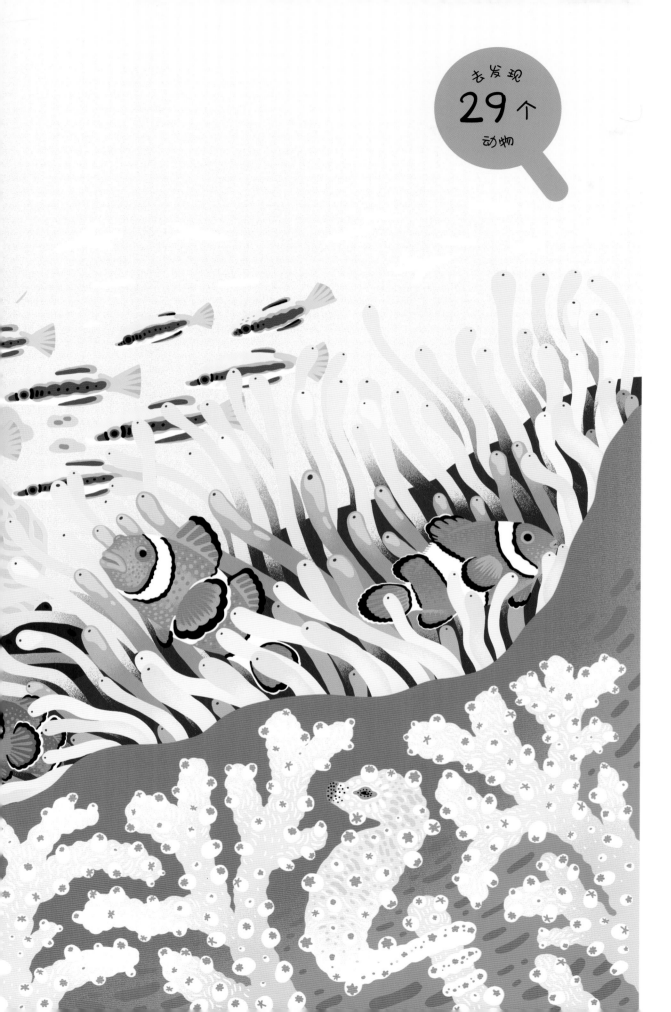

去发现 **29**个 动物

大堡礁

在澳大利亚东北部的昆士兰州海岸，有着世界上最大的珊瑚礁群。

这是一个巨大的硬珊瑚群。珊瑚虫属于海洋生物，当它们死亡时，美丽而坚硬的骨骼仍留在大海深处，为新生的珊瑚虫提供生长的温床。

许多海洋生物学家认为，大堡礁珊瑚礁群的重要意义在于它是世界上最大的珊瑚礁生态系统，拥有地球上最大的生物群。在大堡礁海域生活着成千上万种海洋生物，是世界海洋生物多样性特别集中的地区，所以这里被联合国教科文组织列入世界自然遗产名录中。要知道，珊瑚虫是一种对温度极其敏感的生物，它们目前正在受到全球变暖的影响。

在这片海域还生活着其他海洋生物，有儒艮（海牛）、巨型绿龟和赤鲷等。

南极海洋

南极海洋环绕着南极洲，是世界上第二小的海洋，只有 2000 万平方千米，但是它是地球上非常重要的海洋之一。一方面，鲸鱼的迁徙离不开这种海洋环境，另一方面，除了体型庞大的动物以外，在这片海洋里我们还发现了世界上最大的磷虾种群。磷虾是一种小型甲壳动物，是许多动物如鲸鱼、鱿鱼、企鹅等赖以生存的食物。可以说没有磷虾种群，最大的鲸类动物就会灭绝。

为了保护这片壮观的海洋以及周边的动植物，包括我国在内的 46 个国家签署了著名的《南极条约》，我们将致力保护地球的这一地区，并在未来保持它应有的样子。

去发现 **3** 个动物

印度—西太平洋

　　印度—西太平洋是地球上一个非常重要的海洋生物地理区域，由印度洋、太平洋中西部和附近的热带海域组成。这里是很多常见的海洋生物生存和繁衍的地方。

　　这个地区拥有着海洋世界里最有价值和最重要的物种，物种的丰富程度是世界上其他地方的好几倍。这片海域的特殊气候条件可以让几百种海洋生物在此繁衍生息。

　　在这片海域里遍布着一种有趣的海洋生物，那就是软珊瑚蟹。它们是一种极其微小的动物，生活在软珊瑚丛里，它们和这里的软珊瑚丛有着奇妙而紧密的关系。软珊瑚蟹以珊瑚虫的组织和黏液为食，作为回报，它们发挥着守护者的作用，保护软珊瑚群免受海星等食肉动物的侵害。

去发现
13个
动物

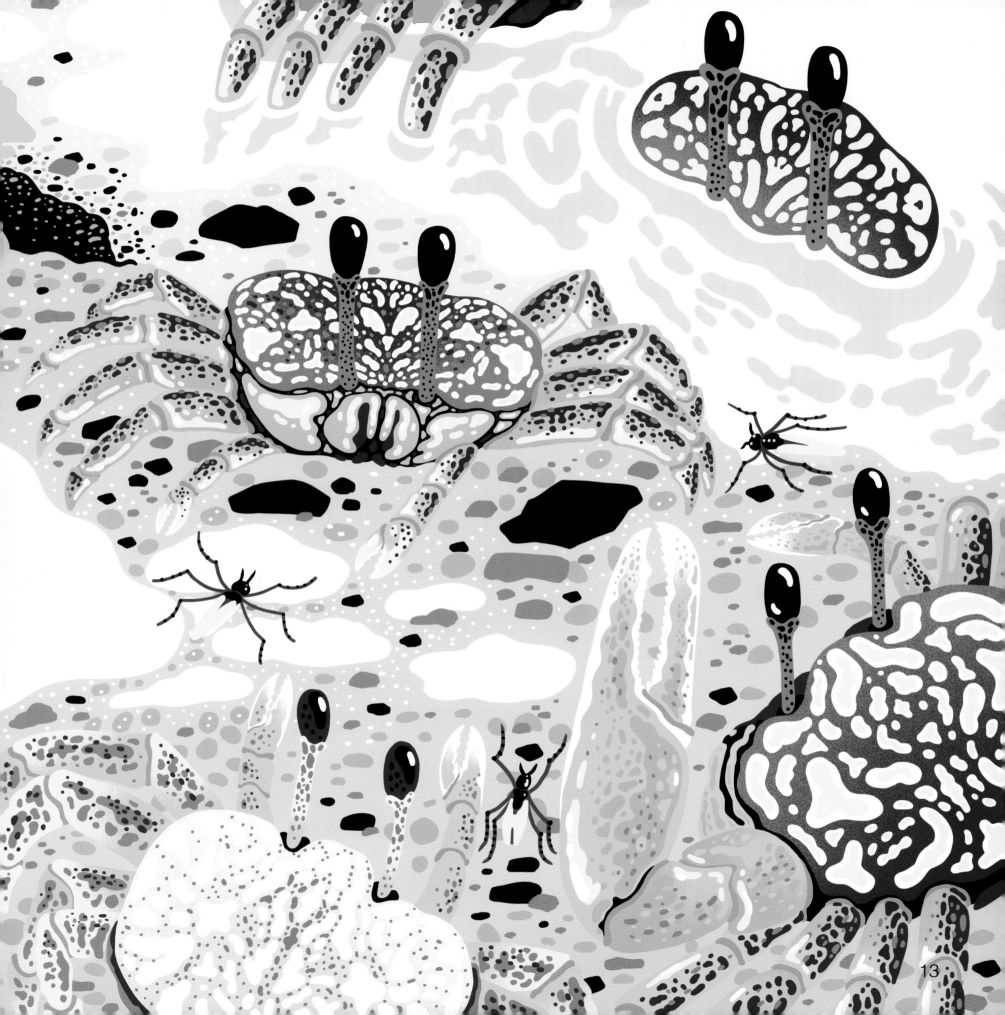

14

找发现

60个

动物

科科斯岛

　　科科斯岛位于太平洋,归属于中美洲的哥斯达黎加共和国。这是一座火山岛,是世界自然遗产之一。

　　这里是一座荒无人烟的孤岛,只有少数海洋生物学家和研究人员在这里生活。因为独特的气候条件和地理特性使其成为自然环境中的理想实验室,不仅可以在其中研究不同的自然环境、物种及其进化,而且生活在该岛上的物种还不受外界因素影响发生进化。各种鲨鱼在这片海域畅游,例如鲸鲨、种群巨大的锤头鲨和虎鲨,同时这里也是黄鳍金枪鱼和海龟的家园。

去发现
8 个
动物

苏拉威西海

  这片热带海域位于太平洋，是地球上非常大的海洋生物多样性保护区之一。在这里我们可以找到种类繁多的动物，例如章鱼、有毒的红色狮子鱼和危险的海眼镜蛇。2007 年，海洋生物学家在此考察时发现了近 100 种新的海洋生物，之前人类对这些海洋生物一无所知，这一发现给这片海域又增添了一抹神秘的色彩。

  尽管为期数月的调查工作十分艰苦，但此次发现对世界海洋生物的认识具有重大意义，同时也鼓舞着海洋生物学家，让人们意识到地球上仍有许多物种有待发现和进一步研究。研究人员确信，目前我们人类已知的海洋生物不到实际的 1/3。

深海珊瑚礁

　　罗弗敦群岛位于大西洋北部的挪威海中，是深海世界中非常特别的地方之一。

　　在挪威罗弗敦群岛海域，可以找到深海珊瑚礁，这里的深海珊瑚礁要比其他已知的大得多。尽管它与澳大利亚的珊瑚礁具有一些相似之处，但形成珊瑚礁的珊瑚却具有不同特征，在珊瑚中生活的海洋生物也不同，这里生活着从浮游生物到鱼类等多种海洋生物，例如鳗鱼、红鲉鱼和鮟鱇等。

　　这个地方让海洋生物学家产生了浓厚的兴趣，因为人们对这里的物种知之甚少，至今所了解和发现的，只是其中极其微小的一部分。

　　由于阳光无法照射到深海，海洋生物学家研究深海生物的难度很大，但这里的秘密依然吸引着他们夜以继日地进行探索。

去发现
20 个
动物

佛得角群岛

　　佛得角群岛是大西洋上的一座火山群岛，位于非洲海岸，由 10 个大岛和 5 个小岛构成。它远离大都市和飞行航线，最大限度地避免了人类活动带来的污染。

　　在这片海域，我们可以找到超过 17 种不同的鲸鱼和海豚。海豚被公认为是世界上极其聪明的动物之一，至今我们还没有完全了解它们的习性。

　　在这片海域，人们经常能看到成群的海豚在嬉戏。

地中海

　　地中海是世界上面积仅次于加勒比海的第二大内海，通过直布罗陀海峡与大西洋相通。

　　在地中海我们找到了对海洋生命至关重要的植物，它就是海带。

　　这种植物生长迅速，在海底形成了巨大的海洋森林，让成百上千种海洋动物在其中穿梭、嬉戏、生存、繁衍。

　　海带的生长特性很像陆地植物，它能够稳稳扎根于海洋底部，随着时间的流逝它的绿叶会变成棕色的。有意思的是，这种植物对周围环境极其敏感。

　　地中海的海洋物种包括海鳟、海胆、鲷鱼及红虾等。

印度洋的自然保护区——查戈斯群岛

印度洋是世界第三大洋，仅次于太平洋和大西洋。

受强季风影响，印度洋气候温暖湿润。这里生活着上千种海洋生物，但是人类活动造成的污染时时刻刻都在威胁着这里丰富的物种资源。

查戈斯群岛自然保护区是一个海洋生物多样性的密集区，在这里的海洋深处，生活着许许多多不同种类的鱼。

找发现 **7**个 动物

亚速尔群岛

　　亚速尔群岛位于大西洋东中部，由9个火山岛组成，隶属于葡萄牙。

　　这里属于亚热带气候，生活着种类繁多的动物。

　　海龟是亚速尔群岛的居民之一，它们上亿年来往来于各个大洋之间，但现在它们的生存面临很大的威胁。海龟的重要作用之一就是维护海洋生态平衡，特别是在清理海底海床方面有着重要作用，所以，人们要保护海龟。

去发现
40个
动物

马尔维纳斯群岛

美丽的马尔维纳斯群岛坐落在南大西洋，更确切地说，是在阿根廷南部海域，这里的气候十分寒冷。

在这里我们可以见到地球上令人惊叹的事情，也是很少有人知道的秘密，那就是这些岛屿的海岸被称为天然的企鹅天堂。

大量的、不同种类的企鹅在这些岛屿的海岸上筑巢并和平共处。

在这里我们不仅可以看到世界上最大的企鹅——帝企鹅和它们可爱的灰色幼崽，还可以看到凤冠企鹅，它们体型较小，身高还不到30厘米，当然，它们最出名的还是那黄色的头冠。

去发现
2 个
动物

百慕大群岛

百慕大群岛位于北大西洋，距离美国东海岸大约 1100 海里。

百慕大群岛之所以著名，是因为这里经常发生海难。此外，在这片海域还生活着许多千奇百怪的海洋生物。

其中一种就是飞鱼，它们是海洋世界里名副其实的最奇特、最引人注目的鱼。

尽管它们的名字有飞翔的意思，但是这并不准确，实际上它们是通过快速的连续跳跃，让人看起来像是在空中滑翔。

加利福尼亚湾

加利福尼亚湾属于太平洋，它将下加利福尼亚半岛与墨西哥分隔开来。

独特的自然环境和相对封闭狭长的地理地貌，使这里具备了世界上独一无二的特性，并让这里成为地球上海洋生物多样性特别集中的海域之一。有超过 5000 种海洋生物生活在这片海域。

加利福尼亚湾拥有 37 个重要岛屿及 900 多个小岛。在这些岛屿附近的海域生活着一种神奇的鳐鱼——魔鬼鱼。它们会呈现海洋中非常美的景象之一——鳐鱼之跃。它们能跃出海面 2 米以上。不过让人困惑的是，至今尚未有科学家揭晓这惊人一跃的原因。

去发现 **26** 个 动物

阿拉伯海

　　阿拉伯海位于印度洋尽头，紧邻亚洲大陆海岸，是世界第二大海。

　　虽然这片海域的面积大得不可思议，但是衡量海洋的维度不仅要看它的面积，而且要看它的深度。

　　这里的水下世界依据深度被分为 4 个不同区域，我们最不熟悉的就是位于海平面以下 4000~6000 米的深海底部。阳光无法到达这里，这里的温度很低，没有植物，动物也极少，不过仍有一些极具特色的生物活跃在此。

去发现

93 个

动物

看一看你对海洋有多了解?

🔍 彩色圆点后面的数字是这种动物出现的次数，数一数，你都找到了吗?

海胆

不是所有的海胆都是一样的，它们有大小和颜色之分。红海胆是现存最大的海胆。它们都很坚硬。一些海胆是有毒的，可能与大多数人想象中的正好相反，那些小刺海胆的毒性才是最强的。

巨型海藻森林

🔍
- 1 美丽突额隆头鱼
- 2 海獭
- 23 紫海胆
- 37 红海胆
- 12 海星
- 11 紫金钟螺
- 1 海鲈鱼
- 1 翻车鲀
- 2 狼鳗
- 3 高欢雀鲷
- 2 美洲平鲉
- 1 蓝平鲉
- 2 加利福尼亚海狮
- 4 加利福尼亚红龙虾
- 12 云纹石斑鱼

北冰洋

🔍
- 3 虎鲸
- 6 海象
- 鱼群 北极鳕
- 1 独角鲸
- 1 白鲸
- 2 环斑海豹
- 6 北极燕鸥

虎鲸

这种大型食肉动物非常聪明，它们以家庭或者团体为单位聚居生存，并具备在攻击猎物时沟通协调战术的能力。它们属于海豚家族并进化成了其中体型最大的一支，它们的体重可以达到5吨，体长可达9米。

大堡礁

🔍

- ● 1 儒艮
- ● 3 小丑鱼
- ● 12 白斑笛鲷
- ● 2 海龟
- ● 1 彩带刺尾鱼
- ● 1 巨型蛤
- ● 1 白斑乌贼
- ● 1 棘冠海星
- ● 1 波纹唇鱼
- ● 2 海蛞蝓
- ● 1 鹦嘴鱼
- ● 1 鳞鲀
- ● 1 海马
- ● 1 蝴蝶鱼

小丑鱼

这就是著名的小丑鱼，它的奇特之处不仅在于它光鲜亮丽的颜色，而且令人惊叹的是，雄性小丑鱼在特殊条件下能变成雌性产卵，也就是说，如果雌性死亡，雄性会转变成新的雌性以保证物种繁殖。

南极海洋

🔍

- ● 群 磷虾
- ● 3 座头鲸
- ● 群 鲸藤壶

磷虾

磷虾是一种长约 5 厘米的甲壳类动物，全球共有超过 90 种不同的磷虾。它们被认为是世界上最基础的生物。它们对世界海洋最基本的作用就是作为鲸鱼等海洋动物的主要食物来源，鲸鱼一次可以吃掉 2 吨磷虾。如果它们灭绝，将对食物链产生灾难性后果。

印度—西太平洋

🔍

- ● 7 招潮蟹
- ● 6 海边的小蠓虫

招潮蟹

招潮蟹又被称为小提琴蟹，因为它们有一个跟身体相比显得特别巨大的钳子，就好像手拿提琴一样。这是一种与珊瑚共生的海洋甲壳类生物。

科科斯岛

🔍

- ● 群 黄鳍金枪鱼
- ● 1 旗鱼
- ● 14 双髻鲨
- ● 1 鼬鲨
- ● 1 玳瑁海龟
- ● 3 鲫鱼
- ● 5 大西洋海神海蛞蝓
- ● 35 墨西哥拟羊鱼

双髻鲨

　　双髻鲨又叫锤头鲨，分很多种，其中一些处于濒危状态。锤头鲨的眼睛位于头部的左右两侧，这样的结构十分奇怪，科学家对此有多种理论解释，却无定论，但可以肯定的是它们具有良好的视野。

苏拉威西海

🔍

- ● 1 拟态章鱼
- ● 2 斑鳍衰鲉
- ● 2 扁尾海眼镜蛇
- ● 3 双眼斑沙虾虎

章鱼

　　章鱼是地球上古老又聪明的生物之一。这种动物十分有趣，因为它们的触手是大脑的一部分，所以当触手与身体分离后触手仍然可以移动。另外，它们有 3 个心脏。在面对威胁时，它们会喷墨汁。

深海珊瑚礁

🔍

- ● 2 康吉鳗
- ● 群 葵珊瑚
- ● 2 真蛇尾
- ● 8 深海鮟鱇
- ● 群 深海珊瑚礁
- ● 3 红鲉鱼
- ● 2 大西洋胄胸鲷
- ● 3 龙虾

龙虾

　　龙虾属于无脊椎动物，它们拥有非常坚硬的外骨骼，可以保护自身免受伤害。龙虾有 10 只脚，前两只脚类似于锋利的钳子。

佛得角群岛

🔍

- ● 15 长吻真海豚
- ● 5 佛得角圆尾鳠（hù）
- ● 1 白斑狗鱼
- ● 6 石鲷鱼
- ● 1 红嘴鹬
- ● 2 佛得角小鳠

地中海

🔍

- ● 1 大蛤蜊海丝
- ● 9 叉牙鲷
- ● 11 海胆
- ● 9 海蠕虫
- ● 6 海蟑螂
- ● 4 地中海海马
- ● 3 杂斑盔鱼
- ● 2 显鳚鱼
- ● 1 欧洲鲈鱼
- ● 4 项带重牙鲷
- ● 1 孔雀锦鱼
- ● 5 海蛞蝓
- ● 32 小海星
- ● 2 纹首鲬
- ● 8 喉盘鱼
- ● 7 地中海红虾

查戈斯群岛自然保护区

🔍

- ● 1 网纹叉鼻鲀
- ● 2 凹鼻鲀
- ● 1 星斑鲀
- ● 1 长刺泰氏鲀
- ● 1 白点叉鼻鲀
- ● 1 密斑刺鲀

海豚
　　海豚是一种非常聪明的动物，被认为是海洋中非常有魅力的动物之一，它们的交流方式非常复杂，多年来一直吸引着科学家去研究和探索。

海星
　　海星不是鱼类，它和海胆、海参一样属于棘皮动物。大多数海星有5条触手，但也有例外。有趣的是，它们的触手是可以再生的。

海马
　　海马是世界上唯一由雄性负责生育和养育下一代的物种。下一代出生后，仅有极少数能够长到成年。另一个有趣的事实是，尽管它们的鳍每秒能摆动35次，但它们是一种移动速度很慢，移动距离很短的鱼。

河豚
　　大多数河豚（鲀）是有毒的，这种毒素的毒性非常强，并且集中于它们的肝脏。它们被公认为是世界上毒性非常强的脊椎动物之一。

亚速尔群岛

🔍

- 2 红海龟
- 1 火体虫
- 16 领航鱼
- 2 赤红龙鱼
- 15 水母
- 1 鲸鱼
- 3 魔鬼鱼

龟

龟分为陆龟和海龟两种，它们遍布印度洋和太平洋，地中海也有许多。处于产卵期的海龟和幼年海龟是没有防御力的。当海龟长至成年时，就会长出厚重坚硬的龟壳，体重超过130千克，这时就没有掠食者敢打它们的主意了！

马尔维纳斯群岛

🔍

- 3 棕贼鸥
- 1 海豹
- 4 凤冠企鹅
- 9 帝企鹅
- 28 巴布亚企鹅
- 1 条纹卡拉鹰
- 22 灰头信天翁

企鹅

企鹅是鸟类，但是它们的翅膀发育不良，所以不能飞行。相反，它们是"游泳健将"。几乎所有的企鹅都生活在南半球，漫长的进化使它们特别适合生活在极其寒冷的地区，它们的皮下有一层厚厚的脂肪用来保温。

百慕大群岛

🔍

- 1 飞鱼
- 1 鲷鱼

飞鱼

常见的飞鱼或热带飞鱼普遍生活在热带水域，包括地中海和加勒比海。它们的背部呈深蓝色，腹部呈白色，它们的鳍没有刺。当跳跃时，它们利用鳍在空中滑翔，从而在迁徙中加快移动速度。

加利福尼亚湾

- 20 魔鬼鱼
- 1 秘鲁鱿鱼
- 2 小头鼠海豚
- 1 中华管口鱼
- 1 鲯鳅鱼
- 1 鲸鲨

魔鬼鱼

学名前口蝠鲼，它是海洋动物中大脑非常发达的动物之一，因此也是非常聪明的动物之一。魔鬼鱼寿命可以长达50年以上，并且是海洋中游得非常快的动物之一，一天可以游70千米。

阿拉伯海

- 3 深海鮟鱇
- 1 欧氏尖吻鲛
- 3 小飞象章鱼
- 3 巨银斧鱼
- 群 食骨蠕虫
- 80 深海短吻狮子鱼
- 1 后肛鱼
- 1 大王乌贼
- 1 灰鲸

深海区

深海区是海洋世界中最深邃、最荒凉的地区。一般指位于海平面4000米以下的深海，这里常年暗无天日，光线无法照射到这里，因此动植物十分稀少。目前人类对这里的一些区域依然一无所知。